千年羊城
南國明珠 | 廣州

檀傳寶◎主編　王小飛◎編著

中華教育

花城的「小蠻腰」

碧血黃花存浩氣

小朋友們來看看這張奇妙的地圖，
從地圖上你能發現哪些廣州「地標」呢？

目 錄

足跡一
羊城遇見「喜羊羊」

五羊護羊城

花城廣州又名「羊城」「穗城」，這源於一個美妙的傳說。

五仙送稻穗

古代的廣州曾叫「楚庭」。相傳，「楚庭」連年發生自然災害，一時間田地荒蕪、農業失收、百姓飢荒。有一天，天空出現五朵祥雲，雲上有五位仙人身穿紅、橙、黃、綠、紫五色彩衣，分別騎着五隻不同顏色的仙羊，而仙羊的口中則銜着一株一莖六穗的稻子，徐徐降落在這個地方。仙人們將稻子贈給百姓，並把五隻羊留下，並祝願這裏永無飢荒，然後騰空而去。

「楚庭」就是現在的廣州，羊城看來確實有「羊」。

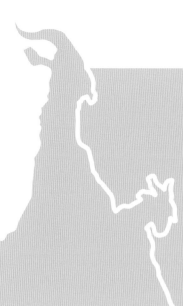

「楚庭」羊城

五仙送完稻穀後，廣州成為嶺南最富庶的地方，也開始有了「羊城」「五羊城」「穗城」之稱。廣州百姓後來還在惠福西路修建「五仙觀」來紀念造福廣州的五位仙人。至今，五仙觀的東側那裏還有一塊巨大的腳印狀紅砂巖凹穴，那就是「仙人拇跡」。去到越秀山麓，那裏還會看到一座「古之楚庭」的石牌坊，它告訴人們，廣州最古老的名字叫「楚庭」。

最早的移民是「羊羊」

相對於豬、狗等其他家禽，羊更適宜於成羣驅趕，牠們行動迅捷，且適應力強，並有較高的經濟價值。嶺南一帶一直也有「種薑養羊，本少利長」之說。因此，廣州人選擇「五羊神話」作為城市傳說也就不足為怪了。今天，在廣州城市的各個角落，羊的形象已經深入人心，寄託了人們對於城市發展的美好期望。

▶ 五羊雕像

◀「五羊」如今有了官方形象——「阿祥」「阿和」「阿如」「阿意」「樂羊羊」五隻羊，它是 2010 年廣州亞運會吉祥物

羊的形象與寓意

1 美食——「魚」「羊」二字為「鮮」

2 羊的年畫——吉祥

3 冬去春來——三陽（羊）開泰

4 領頭羊——勇為人先

5 頭戴羊角載歌載舞之人——美的化身

日啖荔枝「三把火」

美味荔枝廣州來

說到荔枝，大家一定會記起「一騎紅塵妃子笑，無人知是荔枝來」這兩句詩。當年楊貴妃為了吃幾顆荔枝，皇帝下令用八百里加急快馬從嶺南傳送到京城。在嶺南到長安的路上，不知道累死了多少匹馬和人。不過，這從另一個側面說明了荔枝的確是一種美味，所以蘇東坡說「日啖荔枝三百顆，不辭長作嶺南人」。

曾經貴為貢品的荔枝種類繁多，很多品種名稱的背後都藏有一個美麗的傳說與故事，例如上面這則故事就代表一種叫作「妃子笑」的品種。

找找下面這些荔枝背後的小故事……

荔枝品種

掛綠

糯米餈

桂味

妃子笑

在古代，居住在北方都城的很多帝王，都想讓產於廣州的荔枝移植到北方，但往往不成功。你知道為甚麼北方不宜種植荔枝嗎？

廣州有棵「荔枝王」

在廣州從化太平鎮木棉村，有一棵 300 多年樹齡的老荔枝樹。這棵荔枝樹種植於清代**康熙初年**，樹身之大實屬罕見，堪稱廣州「荔枝王」。樹圍達 **10 米多**，村民手牽手合圍樹身，要 8 個人才能將其抱攏。「荔枝王」年份好時收穫的果實，估計可達 2000 多公斤。

一顆荔枝三把火

一方水土養一方人，嶺南水土養荔枝。荔枝喜高温，屬於亞熱帶特產。荔枝美味，但卻不能多吃。在荔枝成熟的收穫季節，許多人成羣結隊去廣州品嚐嶺南佳果。有人吃了兩三顆就有不適的反應，出現喉痛、牙痛，甚至發熱、嘔吐等不良反應，得了「荔枝病」。荔枝成熟季節看病的人多，搞得醫院也熱鬧起來，因而常常有「一顆荔枝三把火」或「拼命吃荔枝」之說。那麼，「日啖荔枝三百顆」到底能吃進去多少「火」呢？

查一查：每 100 克荔枝的營養含量

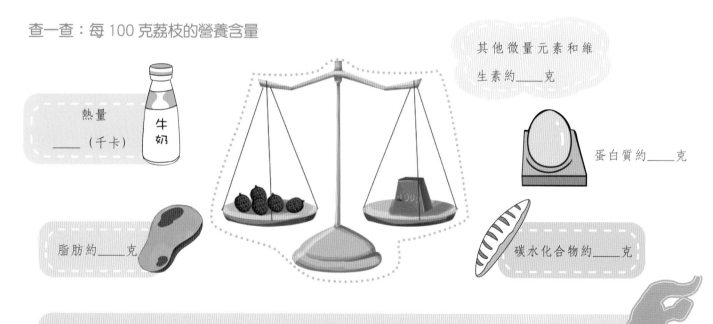

其他微量元素和維生素約＿＿克

熱量 ＿＿（千卡）

蛋白質約＿＿克

脂肪約＿＿克

碳水化合物約＿＿克

荔枝病

「荔枝」（學名 Litchi chinensis，荔枝的英文名來自漢語發音）是華南的重要水果作物，年產量超過 100 萬噸。荔枝肉質脆嫩，清甜可口，而且營養較豐富，內含熱量、蛋白質、脂肪、碳水化合物，還富含多種人體必需的微量元素和維生素。如果**連續**或一次進食過多就會患上「荔枝病」（單糖症），對患者的健康造成一定的損害。所以患有肝病、腎病、糖尿病、胃腸病的人應該慎吃荔枝，老人和幼兒及體質虛弱者也要少吃為宜。

足跡二
越秀山上飛火龍

羅浮仙山有傳奇

兩小龍的愛情故事

蘇軾筆下的「羅浮山下四時春」描寫的即是四季美景皆不同的南國「龍脈」之地——羅浮山。漢代史學家司馬遷曾把羅浮山比作「粵嶽」，由此可見這座山在南粵大地的地位。

據說以前只有羅山一座，浮山從東海漂浮而來，兩山由鐵橋峯相連而成。關於羅浮山，有一個美麗的愛情傳說……

1 可愛的青龍三公主在海上游玩嬉戲。

2 三公主巧遇小黃龍並私定終身。

3 兩大龍王反對，怒將三公主囚於蓬萊仙山的孤島，小黃龍被鐵鏈鎖於羅山下的萬丈古井中。

4 兩條小龍的真摯情感感動了眾神，他們決定要救出小龍。這時天公施法，電閃雷鳴、大海興浪，巨靈神鬼拖着孤島來到羅山古井邊，小黃龍掙脫鎖鏈，衝出古井，兩龍終於相會。

5 最後兩小龍幻化成山，「築橋」結合。

城市祕籍——尋找廣州「龍脈」說法

兩條小龍匯聚的羅浮山是廣州及南粵大地道教的發源地,同時也是傳說中廣州「龍脈」的必經之地。

祕籍一:找一找「龍脈」在哪裏?

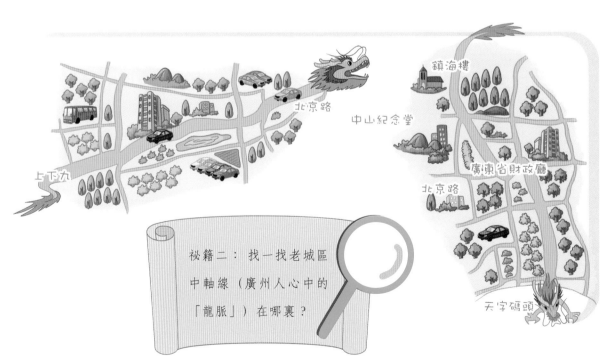

祕籍二:找一找老城區中軸線(廣州人心中的「龍脈」)在哪裏?

從秦朝開始，無數中原人南下，躲避戰亂也好，發配邊疆也好，他們來到廣州，駐足並繁衍生息。兩千多年的時間裏，人們的腳步大都是沿着同一條路徑入粵：大庾嶺—滑石山—廣州。關於廣州的「龍脈」，有很多說法，有人從山川走向看到了「龍脈」，也有人看到了中原文化的南下。

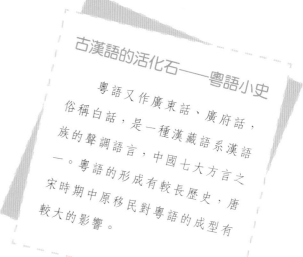

古漢語的活化石——粵語小史

粵語又作廣東話、廣府話，俗稱白話，是一種漢藏語系漢語族的聲調語言，中國七大方言之一。粵語的形成有較長歷史，唐宋時期中原移民對粵語的成型有較大的影響。

關於廣州「龍脈」的說法或依據，你還知道哪些呢，你認為哪種說法最有道理？

山脈走向

羅盤定位

我還知道：

火龍夢託越秀山

觀音山的傳說

　　廣州有座越秀山，五羊雕像就坐落在這裏。這座海拔僅 70 餘米，方圓達 92 萬平方米的山，山光水色，景色迷人，是廣州人休閒的好去處。如果你來廣州，一定不能少了越秀山一遊。

　　越秀山還有個名稱叫「觀音山」，為何有這個名字，還有一個傳說：

▲「觀音山」名字的由來與廣東才子柳先開有關。明代弘治年間，柳先開與倫文敍三鬥學問，都敗下陣來，他認為這與風水有關，就請來風水先生賴布衣看風水

▲ 賴布衣說：「廣州是『蛟龍吸水』，而越秀山這個地方剛好是龍穴所在，只要去請一尊旱魃（粵：拔｜普：bá）像回來供奉就可以了。」

▲ 於是柳帶回了一尊旱魃像，並在越秀山建了座廟供奉。他知道廣東人多信觀音，就對外稱這是觀音的化身

▲ 後來有個地方官員發現這座所謂觀音像其實是旱魃，於是派人去拆掉。但「觀音山」卻作為越秀山的別稱被保留了下來

越秀山上藏靈秀

遠在 2800 多年前的周夷王時期，五羊曾降臨過的越秀山南面就是「**楚庭**」。秦末漢初，這裏始建「**任囂城**」，後擴展為「**趙佗城**」。越秀山公園內文物古跡眾多，除鎮海樓外，還有古之楚庭、佛山牌坊、古城牆、四方炮台、中山紀念碑、伍廷芳墓、廣州博物館、五羊石像、五羊傳說雕塑像羣等。

兩龍大戰鎮海樓

　　鎮海樓坐落在越秀山蟠龍岡，樓高 28 米，登樓遠眺，羊城美景盡收眼底。該樓又名「望海樓」，因當時珠海河道甚寬，故將「望江」變為「望海」，因有五層，又稱「五層樓」。樓的右側還有十二門古炮。

這麼多炮是用來防禦海上來犯之敵的嗎？

除了防禦，關於鎮海樓的功用，還有這樣一個傳說：

當年朱元璋平定天下之後，攻取廣州的將領朱亮祖有一晚夢見自己站在越秀山頭眺望大海，忽然看到海裏飛出一條火龍，與山巒間飛出的一條青龍在惡鬥，青龍被打敗並逃向海中。

夢醒之後的朱亮祖驚魂未定，連夜報請朱元璋。朱元璋命軍師劉伯溫前來查看。劉知朱元璋多疑，為平息事端，稟報說是個吉兆，火龍打敗青龍，說明皇上威鎮海域。

朱元璋很高興，命朱亮祖在越秀山上修一塔樓，樓高五層，配以重炮，用以鎮海。

千年古道「上下九」

嶺南「清明上河圖」

　　相信你一定知道《清明上河圖》，那幅圖描繪的是河南開封作為北宋都城汴京時的輝煌，清朝時期的廣州也曾有過這樣的盛景，這就是廣州的十三行。廣州十三行成為與同一時代的兩淮鹽商、山西晉商三強並立的行商集團。

清初詩人屈大均在《廣州竹枝詞》中這樣描寫十三行：「洋船爭出是官商，十字門開向三洋；五絲八絲廣緞好，銀錢堆滿十三行。」足見當年作為中國唯一進出口之地的十三行的興隆旺景。

◀ 清代朝廷特許的經營對外貿易的專業商行，又稱洋貨行、洋行、洋貨十三行、廣東十三行等

西關風情北京路

早在一千年前，珠江古岸（今下九路附近）設有繡衣坊碼頭。從上下九路到北京路的這條線路，猶如一條「商業巨龍」，見證了廣州千年的商業繁華。

現在，廣州人心目中實至名歸的「龍脈」，是廣州的老城區中軸線：越秀山鎮海樓—中山紀念堂—廣東省財政廳—北京路天字碼頭。無論是人氣還是商業，這條中軸線周邊，甚至包括上下九商業街，一直十分興旺，真可謂店連店、鋪連鋪。

▲北京路商業街

▲上下九商業街

漫步於上下九商業街時，經常會碰到這樣的人，他頭戴尖頭竹扁帽，兩頰塗紅胭脂，身上背着「五彩大公雞」的坐騎，吹着嗩吶模仿公雞叫着「賣欖、賣欖」。雞公欖的出現猶如時光倒流，讓人們追憶起20世紀三四十年代的西關民俗風情。「有辣有唔（不）辣，一蚊（元）一包好滋味。」

三元里「驅狼記」

「狼」襲廣州城

1841 年 5 月，英軍攻陷廣州城北諸炮台，設司令部於地勢最高的永康炮台。永康炮台又名「四方台」，距廣州城僅一里，大炮可直轟城內。面對「狼」襲城內居民的危急形勢，廣州軍民該怎樣應對？

請求援軍？

下載舊迎戰？

談判議和？

史實真相

清軍統帥奕山等向英軍求和，並於 1841 年 5 月 27 日與英訂立《廣州和約》，以 600 萬銀圓換取英軍交還江中所有炮台要塞、退出虎門以外。

看到清政府這一舉動，你有甚麼感覺？

三元里百姓圍「狼」

雖然清政府退讓了，但廣州人民卻自發展開了民間的抗英鬥爭。

▲ 清政府與英軍議和

▲ 侵略者仍在三元里燒殺搶掠

▲ 三元里百姓聚於古廟，打出「三星旗」，勢要抗英

▲ 三元里的民眾手持戈、矛、犁、鋤追打英軍。雖然靠着最原始的武器，但對英軍造成一定的傷亡

三元里抗英鬥爭，成了中國近現代史上第一次民眾大規模自發保衛國家，抵抗外來侵略的戰鬥。

史實真相

1841 年 5 月 29 日，三元里村民及附近團練多次擊退英軍，最關鍵一戰中，百姓們將英軍分割包圍，共斃傷英軍少校畢霞（Beecher，一譯「比徹」）以下近五十人，生俘十餘人（一說殲敵二百餘人）。英軍首領臥烏古一度不敢再戰……

看到這一結果，你有甚麼感覺？

▶ 三元里抗英遺跡——四方炮台

尋找孫中山的足跡

讓我們跟着孫中山革命足跡旅行吧！

孫中山廣州革命足跡圖

廣州西關東西藥局、南華醫學堂（今孫逸仙紀念醫院）、北京路青年文化宮（廣州「三二九」起義策劃地）、大元帥府、惠州會館（今廣州農民運動講習所）、國民黨「一大」會址、黃花崗烈士墓、人民公園、中山紀念堂等。你能在手繪地圖中找出來嗎？

棄醫從政地

中國民主革命先行者孫中山的革命生涯也與廣州結下了不解之緣。他 20 歲時在廣州南華醫學堂（今孫逸仙紀念醫院）學習，後深感「醫人不如醫國」，由此踏上革命道路。武昌起義前，他發起或領導的十次反清起義，在廣州的就有三次。他還三度在廣州建立革命政權，兩遭挫折，三整旗鼓，不屈不撓，終於創建和保存了廣東「護法根據地」。

「南方大港」方略

　　孫中山在《實業計劃》中提出發展中國經濟的六大計劃。其中的第三計劃是建設「南方大港」，就是要將廣州建設成為世界級大港。孫中山把建設「南方大港」的位置選在廣州黃埔深水灣一帶，規劃建設一個由黃埔到佛山，包括沙面水路在內的新廣州市。

▼ 如今，孫中山的「南方大港」夢想已經成為現實。目前，廣州港是當今華南最大的綜合性主樞紐港和集裝箱幹線港之一，是全球物流鏈中的重要一環

碧血黃花存浩氣

黃花崗原本是「紅」花崗

　　廣州有座黃花崗七十二烈士墓，可是你知道嗎？黃花崗原來叫「紅」花崗。這是怎麼回事呢？

　　孫中山先生領導的廣州「三二九起義」失敗後，清政府將革命黨人的屍骸堆放在咨議局門前，但沒人敢收殮烈士的屍骸。革命黨人潘達微四處求助，以維護衛生為由，向清政府申請收殮咨議局門前的革命烈士屍骨，並葬於東郊紅花崗上。

黃花崗英雄錄

温生才：南洋歸僑，同盟會員，在廣州隻身刺殺清政府將軍孚琦後壯烈犧牲。

喻培倫：留日大學生，起義前自製炸彈時被炸斷一隻手，仍堅決要求參加起義，後不幸犧牲。

潘達微認為紅花崗的「紅」字體現不了烈士的革命精神，且紅花有點嬌豔。他認為菊花的形象更能體現烈士的革命精神。「菊花」又稱「黃花」，故此將「紅花崗」易名為「黃花崗」。

▲ 潘達微

為甚麼稱「七十二烈士」？

72 烈士中，有史可查的籍貫是：廣東 40 人（大都為花縣、番禺、增城人），福建 20 人，廣西 6 人，四川 3 人，安徽 3 人，其中來自日本、東南亞的歸國華僑有 30 多人。實際上，在起義中戰死和被俘後慷慨就義的革命黨人共計 100 多人，但潘達微能找到的屍骨只有 72 具，這就是「黃花崗七十二烈士」的由來。後在 72 烈士之外，又找到了另外 14 名烈士，這 86 人的姓名全部刻於《廣州辛亥三月二十九日革命記》石碑的背面。

你還知道哪些黃花崗烈士的故事，說給大家聽聽。

 黃花崗七十二烈士墓園

今天你喝早茶了嗎

喝到中午的「早茶」

「飲咗茶未」？

　　來廣州不喝早茶，就不算真正來過廣州。廣州人早上見面打的第一聲招呼，就是問：「飲咗茶未？」以喝早茶作為「早上好」的代名詞，可見廣州人對喝茶的喜愛。廣州人喝茶的時間，通常可以從早晨延續到晚上。喝杯茶、吃個包、敍敍舊是廣州人的習慣。

◀「早茶」是廣州特有的飲食文化

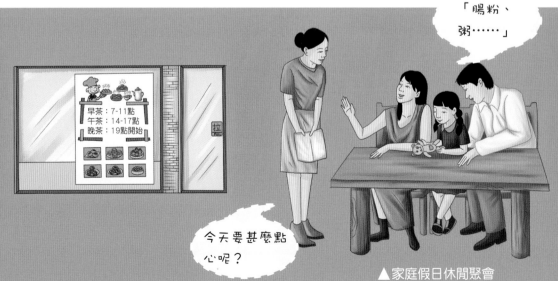

茶樓看看看

（除了喝茶還能幹甚麼？）

早茶：7-11點
午茶：14-17點
晚茶：19點開始

「腸粉、粥……」

今天要甚麼點心呢？

▲家庭假日休閒聚會

一盅兩件

廣東喝早茶有「一盅兩件」的説法，一盅是茶，盅是蓋碗茶的意思，以前粵菜茶樓是用蓋碗茶杯的，現在大部分都已改用無蓋的茶杯。兩件是點心，大體是蝦餃和叉燒包，和蝦餃並稱的是燒賣，人們往往會吃這三款點心，這就成了「一盅三件」了。其實「一盅兩件」只是最低消費的意思，大部分人吃廣東早茶也不只是「一盅兩件」，因為早茶點心的品種實在是太多了⋯⋯

好久不見！

你過得好嗎？

▲ 朋友敍舊

▲ 老年人的休閒時光

25

廣東人的早茶，又稱為「歎茶」，「歎」有享受的意思。可見廣東早茶中的「茶」的重要性了。中國的茶文化源遠流長，你可了解？

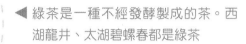
綠茶是一種不經發酵製成的茶。西湖龍井、太湖碧螺春都是綠茶

花茶品種繁多，有菊花茶、茉莉花茶等等。花茶有養生功效，不同的花茶功效不同

紅茶是一種經過發酵製成的茶。中國著名的紅茶有安徽祁紅、雲南滇紅等

烏龍茶又叫清茶，是中國特有的茶類。主要產於福建、廣東和台灣三省。鐵觀音茶和鳳凰水仙茶都屬於烏龍茶

中國茶文化與世界

中國茶文化就是中國製茶、喝茶的文化，已深入到中國的詩詞、繪畫、書法、宗教、醫學等領域。古老的中國傳統茶文化同各國的歷史、文化、經濟及人文相結合、演變，成就了英國茶文化、日本茶道、韓國茶文化、俄羅斯茶文化及摩洛哥茶文化等。在英國，喝茶成為生活的一部分，是英國人表現紳士風度的一種禮儀，也是英國女王生活中必不可少的程序和重大社會活動中必需的禮儀。

乾隆把盞的傳說

敲桌倒茶

廣州人喝茶有個獨特的茶禮，就是在主人給客人斟茶時，客人要用食指和中指輕輕地敲擊桌面，表達感謝的意思。據說這一習俗，來源於乾隆下江南的典故。

相傳乾隆皇帝到江南視察時，曾穿便裝私訪，有一次來到一家茶館，一時高興，竟給隨行的僕從倒起了茶。按皇宮規矩，僕從是要跪受的。但為了不暴露乾隆的身份，僕從靈機一動，將食指和中指彎曲，做成屈膝的姿勢，輕敲桌面，以代替下跪。後來，這個消息傳開，便逐漸演化成了飲茶時的一種禮儀。這種風俗至今在嶺南及東南亞依然十分流行。

客來敬茶

家裏來客人時，你知道倒茶的程序嗎？

中國是禮儀之邦，自古以來都有客來敬茶之禮。隨着茶文化的傳播與普及，茶道、茶禮、茶藝已經通過不同的表現滲透到尋常百姓家。特別是南方一些省市，很多家庭在家裏不僅開闢了一個別致典雅的茶室，而且工夫茶具、各類名茶、特色茶點也一應俱全，儼然就是一個小茶樓。普通百姓家雖然沒有專用的茶室，也結合自身條件，配備有茶具和茶葉。

「四大天王」是吃貨

認一認「四大天王」

廣州古代是印度高僧傳教之地，佛教寺院興盛。如果你去廣州的光孝寺，一定會看到「傳說」中的「四大天王」。你知道他們都是誰嗎？

據說「四大天王」中，東方持國天王拿琵琶，代表「調」；西方廣目天王持蛇，代表「順」；南方增長天王持劍，代表「風」；北方多聞天王執傘，代表「雨」。組合起來便成了「風調雨順」。

未有廣州城，先有光孝寺

俗話説「未有羊城，先有光孝」。光孝寺最初是西漢南越王趙佗之孫趙建德的府邸。該寺是廣州市歷史最悠久、佔地面積最大的佛教寺廟，是全國重點文物保護單位。寺院坐落於光孝路，是廣州市四大叢林（光孝、六榕、華林、海幢）之一，始建年代距今 1700 多年。光孝寺是廣州地區和海外進行文化交流最早的地方。

「四大天王」之叉燒包

在廣州，「四大天王」是可以吃的！這樣你肯定會說：「那是神仙，我可不敢！」

其實，這裏的「四大天王」指的是粵式早茶的「四大天王」——蝦餃、乾蒸燒賣、叉燒包、蛋撻。

叉燒包小檔案

在「四大天王」裏，叉燒包是最具廣東特色的點心之一。以切成小塊的叉燒，加入蠔油等調味成為餡料，外面以麵粉包裹，放在蒸籠內蒸熟而成。叉燒包一般的大小約為直徑五厘米，一籠通常為三或四個。

好的叉燒包採用肥瘦適中的叉燒作餡，包皮蒸熟後軟滑剛好，稍微裂開，露出叉燒餡料，散發出陣陣叉燒的香味。

在廣東，叉燒包不僅僅是一種小吃，它還象徵着團結和諧，也有的說法從叉燒包的外包內陷結構出發，認為體現出了「包容」的意思。

我家鮮花四季開

📖 城市攻略——花城花語

　　廣州一年四季猶如春天，樹木常綠，繁花似錦，自古就以「花城」的美名著稱。廣州人種花、愛花、賞花和贈花的習俗由來已久。清代中葉，廣州就已形成國內首創、聞名海內外的「迎春花市」。每年春節，在除夕的前幾天，「逛花市」都是廣州人過年的傳統項目。

　　看，花街上有許多漂亮的年花，廣州人為它們賦予了吉祥的意義，你知道它們的吉祥花語嗎？

桃花

吉祥花語：宏圖大展

年桔

吉祥花語：大吉大利

百合

吉祥花語：心想事成

銀柳

吉祥花語：_____

豬籠草

吉祥花語：_____

五代同堂

吉祥花語：_____

廣州之「廣」

「漂洋過海」的粵語

由於地理位置的原因，古代廣東人不少以捕魚為生，幾百年前就駕船漂洋過海去一些鄰近的國家，老廣東叫這些地方為「南洋」，就是現在的菲律賓、越南、泰國、馬來西亞、新加坡等地方。

改革開放以來，在全世界闖蕩的廣東人更多了。出洋謀生的廣東人在他鄉獲得成功，很多成為當地的富裕羣體。因此，粵語也伴隨着廣東人的足跡，「走」遍了世界。

▲ 19 世紀末，廣東人外出務工，在印度尼西亞咖啡園當工人

沙面自宋到清代一直是廣州對外通商要地，鴉片戰爭後淪陷為英法租界，陸續設有英、法、美、德、日、意、荷、葡等領事館及銀行等，形成極具西方古典主義風格的沙面建築羣。與此同時，不少建築又自然地糅入了中國特色和當地的建築手法，如折衷主義式的建築也有中國式的磨磚對縫。沙面中西融合的建築羣，折射出廣州文化的包容和多元性，既有地域共性，又各呈異彩。

南腔北調的廣州

　　在廣州，快速發展的經濟和開放的姿態，吸引了大量的外來人員，這在語言方面表現尤為突出，在這裏你能聽到潮汕話、客家話、吳語、閩南語等來自全國各地的方言，以及英語、日語、德語、韓語、阿拉伯語等世界各地的語言。即使非本地人，也不會有客在異鄉的感覺。

▼海心沙

　　「海心沙」是廣州亞運會開幕式的舉辦地點。隨着亞運會的召開，海心沙正在成為繼「廣交會」之後城市新的軸心、標誌及「龍脈」必經之地。

　　廣州城市中最高的現代建築廣州塔（又稱「小蠻腰」）是廣州的地標，與不遠處極具古典和地方建築特色的琶洲塔同台呼應，似乎也在為廣州的發展成就做出自己的「解讀」。

極具影響力的廣交會

廣州是中國的南大門，作為「海上絲綢之路」的起點之一，是很早就馳名世界的東方大港。兩千多年來，廣州一直是華南地區的中心。這座千年古都也是近代革命的策源地和民主革命的大本營。

在廣州，有個不得不提的盛會，那就是廣交會。廣交會的全稱是「中國進出口商品交易會」，創辦於 1957 年春季，每年春秋兩季在廣州舉辦，迄今已有六十多年歷史，是中國目前歷史最久、層次最高、規模最大、商品種類最全、參與國別地區最廣、到會客商最多、成交效果最好、信譽最佳的綜合性國際貿易盛會。

廣交會先後擁有多處展館，關於這個歷史，你知道多少？

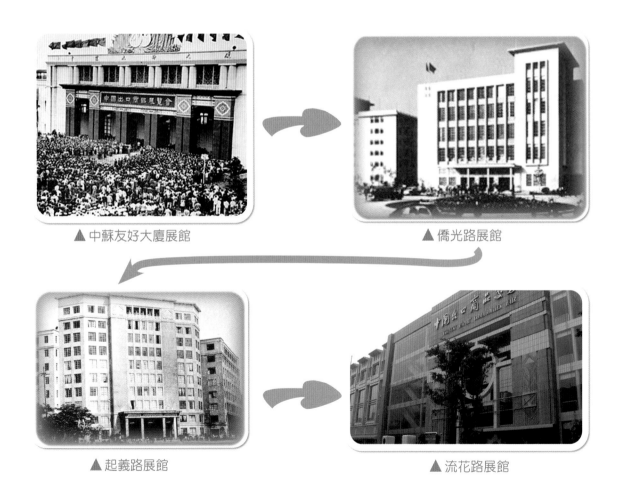

▲ 中蘇友好大廈展館

▲ 僑光路展館

▲ 起義路展館

▲ 流花路展館

我是廣交會的信使

廣交會的影響力很大，甚至被稱為「中國經濟的晴雨表」，但近年受全球經濟的影響，廣交會的參展商數目有所減少。請嘗試寫一份邀請函，邀請一個品牌公司參展，為廣交會增強影響。

邀 請 函

_____ 公司

_____

_____

_____

_____

邀請人：_____

▲ 琶洲展館

我的家在中國・城市之旅②

千年羊城
南國明珠 廣州

檀傳寶◎主編　王小飛◎編著

責任編輯：楊安琪
裝幀設計：龐雅美
排　版：龐雅美　鄧佩儀
印　務：劉漢舉

出版／中華教育

香港北角英皇道 499 號北角工業大廈 1 樓 B
電話：（852）2137 2338
傳真：（852）2713 8202
電子郵件：info@chunghwabook.com.hk
網址：https://www.chunghwabook.com.hk/

發行／香港聯合書刊物流有限公司

香港新界荃灣德士古道 220-248 號
荃灣工業中心 16 樓
電話：（852）2150 2100
傳真：（852）2407 3062
電子郵件：info@suplogistics.com.hk

印刷／美雅印刷製本有限公司

香港觀塘榮業街 6 號
海濱工業大廈 4 樓 A 室

版次／2021 年 3 月第 1 版第 1 次印刷
©2021 中華教育

規格／16 開（265 mm x 210 mm）